Sitzungsberichte
der Akademie der Wissenschaften
der DDR
Mathematik – Naturwissenschaften – Technik

10 N

1980

Zouhar/Hensger/Bobeth

Technologien zur gezielten Erzeugung von Werkstoffstrukturen durch Kombination mechanischer und thermischer Behandlungen

AKADEMIE-VERLAG · BERLIN

Sitzungsberichte
der Akademie der Wissenschaften
der DDR
Mathematik — Naturwissenschaften — Technik

Jahrgang 1980 · Nr. 10/N

Zouhar/Hensger/Bobeth

Technologien zur gezielten Erzeugung von Werkstoffstrukturen durch Kombination mechanischer und thermischer Behandlung

AKADEMIE-VERLAG · BERLIN
1981

Vorträge gehalten in der Sitzung der
Klasse Werkstofforschung am 23. November 1978
von Dr.-Ing. Karl-Ernst Hensger, Bergakademie Freiberg,
Dr.-Ing. Gustav Zouhar jun., Zentralinstitut für
Festkörperphysik und Werkstofforschung der AdW der DDR und
Wolfgang Bobeth, Ordentliches Mitglied der AdW der DDR

Herausgegeben im Auftrage
des Präsidenten der Akademie
der Wissenschaften der DDR
von Vizepräsident Prof. Dr. Heinrich Scheel

Erschienen im Akademie-Verlag, DDR-1080 Berlin, Leipziger Str. 3–4

Lizenznummer: 202 · 100/300/80
Gesamtherstellung: VEB Druckhaus Köthen
Bestellnummer: 762 878 6 (2010/80/10/N) · LSV 3025
Printed in GDR
DDR 5,– M

Gustav Zouhar/Karl-Ernst Hensger

Technologien zur gezielten Erzeugung von Werkstoffstrukturen durch Kombination mechanischer und thermischer Behandlung — Metalle

Seit dem Jahre 1885 durch ein dem Stahlwerk Brüninghaus erteiltes Patent und durch industrielle Anwendung in Deutschland vor und während des zweiten Weltkrieges bereits bekannt [1], setzten ca. zehn Jahre nach dem zweiten Weltkrieg in den hochindustrialisierten Ländern noch heute anhaltende intensive Forschungs- und Entwicklungsarbeiten zur thermisch-mechanischen bzw. thermomechanischen Behandlung (TMB) ein, primär angewendet auf Stähle, aber auch auf Ni-Basis-Superlegierungen, Al- und Ti-Legierungen.

Als Querschnittsgebiet ist die TMB ein typisches Beispiel für die enge Wechselbeziehung zwischen Erkenntnisfortschritten auf dem Gebiet der Metallphysik und Metallkunde, der technologischen und Anlagenentwicklung in der Metallurgie und metallverarbeitenden Industrie sowie den zunehmenden Anforderungen an die Gebrauchs-, Ver- und Bearbeitungseigenschaften der Konstruktionswerkstoffe, die sich aus der technischen und ökonomischen Entwicklung ableiten (Tab. 1).

Die TMB verfolgt zwei Ziele:

1. Die Verbesserung der Gebrauchs-, Ver- und Bearbeitungseigenschaften von Metallen und Legierungen bei gleichbleibendem oder verringertem Legierungsaufwand
2. die Senkung des Fertigungsaufwandes in der Metallurgie und metallverarbeitenden Industrie durch Einsparung von Preßstufen, Energie, Arbeitskräften.

Die Ergebnisse der in den letzten zwanzig Jahren vor allem in der UdSSR, den USA, England und Japan durchgeführten Untersuchungen haben klar gezeigt, daß die TMB zur Herstellung von Stählen mit im Vergleich zur konventionellen Wärmebehandlung erhöhter Festigkeit, Duktilität, Zähigkeit, Bruch- und Ermüdungsresistenz sowie Verschleißfestigkeit verwendet werden kann [1 bis 4]. Diese an Laborproben und für unterschiedliche Formgebungsverfahren wie Walzen, Schmieden, Tiefziehen, Drahtziehen, Strangpressen nachgewiesenen Eigenschaftsverbesserungen konnten erfolgreich auf technische Erzeugnisse übertragen und deren erhöhter Gebrauchswert und erhöhte Lebensdauer nachgewiesen werden.

Unter dem Begriff „Thermomechanische Behandlung“ wird die aufeinander abgestimmte Kombination von plastischer Verformung und Wärmebehandlung verstanden, wobei letztere mit oder ohne Phasenumwandlung erfolgen kann.

Diese Operationen können in unterschiedlicher Reihenfolge und mit unterschiedlicher Häufigkeit durchgeführt werden. Wesentlich ist, daß bei der TMB die Herausbildung der Struktur des Werkstoffes und damit seiner Eigenschaften unter den Bedingungen einer im Vergleich zur herkömmlichen Wärmebehandlung erhöhten Gitterfehlerdichte und/oder einer besonderen Verteilung der Gitterfehler im Volumen erfolgt, die aus der plastischen Verformung resultiert. Abbildung 1 zeigt diesen Sachverhalt schematisch. Während bei herkömmlicher

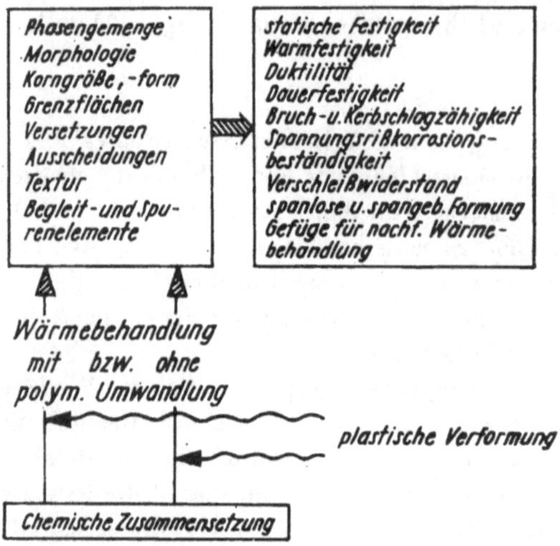

Abb. 1 Relation Technologie — Struktur — Eigenschaften für metallische Konstruktionswerkstoffe (schematisch)

Wärmebehandlung die chemische Zusammensetzung und das Temperatur-Zeit-Regime die mechanischen Eigenschaften bestimmen, kommt bei der TMB die plastische Verformung als weiterer technologischer Parameter hinzu. Dadurch werden der Variationsbereich und die Kombinationsmöglichkeiten der für die mechanischen Eigenschaften maßgeblichen mikrostrukturellen Mechanismen (Kornfeinung, Mischkristall-, Versetzungs-Teilchen-, Umwandlungs- und Texturhärtung) wesentlich erweitert. Es sind Eigenschaftskombinationen erreichbar, wie sie mit herkömmlicher Wärmehaltung oder plastischer Verformung allein nicht erzielt werden können.

Der wissenschaftliche Erkenntnisstand zur TMB ist dadurch gekennzeichnet, daß gegenwärtig noch keine Theorie der TMB existiert, die es gestattet, zumindest von der Tendenz her, die erreichbaren Eigenschaftsverbesserungen unter Berücksichtigung der chemischen Zusammensetzung vorauszuberechnen bzw. größenordnungsmäßig abzuschätzen. Einer Fülle experimenteller Fakten und qualitativer Beschreibungen steht eine Lücke theoretisch-physikalischer Durchdringung gegenüber. Das betrifft insbesondere den Zusammenhang zwischen Struktur und mechanischen Eigenschaften (Abb. 1). Zwar gelingt es bereits durch Superposition der Beiträge einzelner Verfestigungsmechanismen die erreichbare Festigkeit in einzelnen Fällen im voraus abzuschätzen [5], das ist aber für die übrigen mechanischen Kenngrößen, z. B. Duktilität und Bruchzähigkeit noch nicht ohne

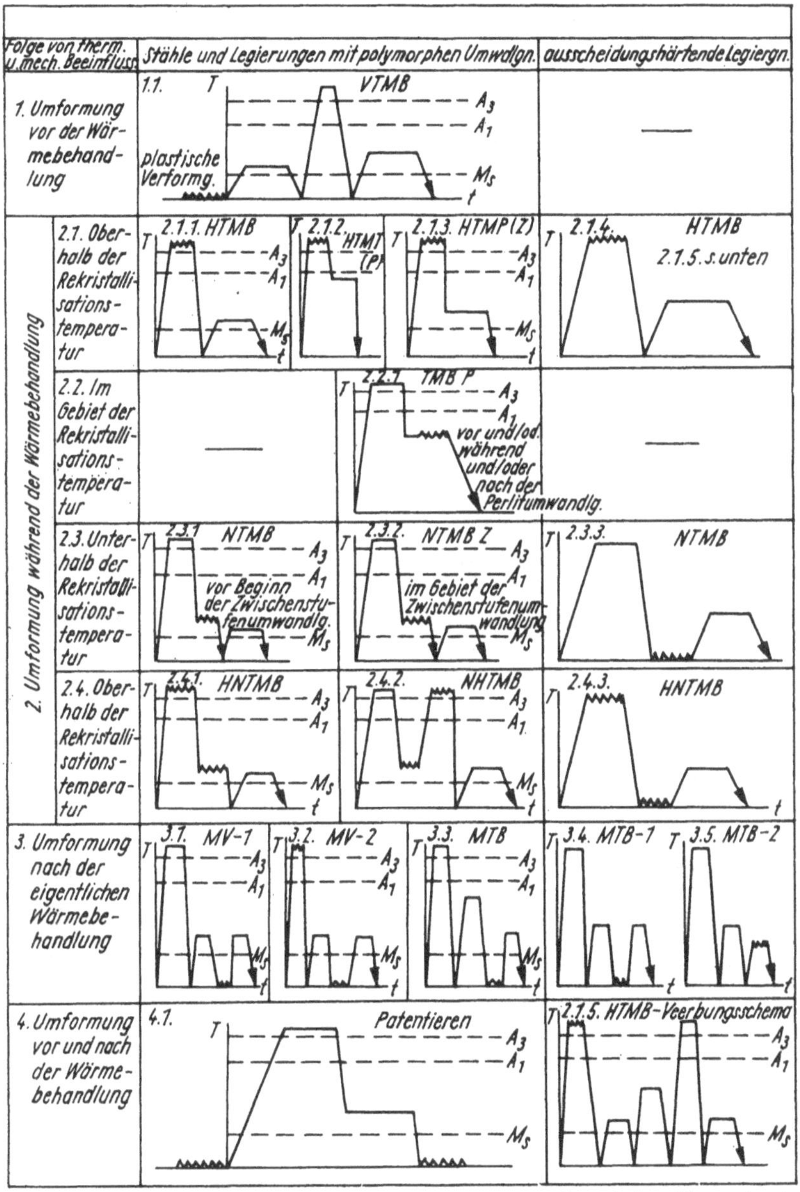

Abb. 2 Überblick über Varianten der thermomechanischen Behandlung (nach Bernštejn [3])

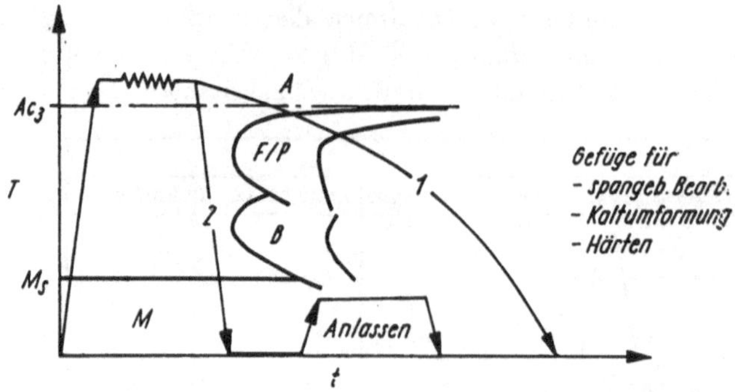

Abb. 3 Verformungs-Temperatur (T)-Zeit (t)-Regime der HTMB mit Ferrit/Perlit-Umwandlung (1) und der HTMB mit Martensitumwandlung (2). A-Austenit; F/P-Ferrit/Perlit; B-Bainit; M-Martensit, gezackte Linie — plastische Verformung

weiteres möglich. In der Regel ist man noch auf eine überwiegend empirische Vorgehensweise angewiesen. Von großem wissenschaftlichem Interesse ist, daß in fast sämtlichen Arbeiten zur TMB ein „Durchbrechen" der bekannten Gegenläufigkeit von Festigkeit und Zähigkeit festgestellt wird, dessen strukturelle Ursachen noch nicht genügend verstanden werden. Ihre Aufklärung läßt neuartige Ansatzpunkte für die Entwicklung von Konstruktionswerkstoffen mit verbesserten Eigenschaftskombinationen erwarten.

Bedingt durch die Existenzbereiche der Phasen und das Ziel der TMB hat sich im Laufe der Zeit eine sehr große Anzahl von Kombinationsmöglichkeiten zwischen plastischer Verformung und Wärmebehandlung herausgebildet. Abbildung 2 zeigt davon eine Auswahl. Von diesen Varianten hat die sogenannte hochtemperaturthermomechanische Behandlung (HTMB) wegen ihrer hohen Anpassungsfähigkeit an die üblichen Warmformgebungstechnologien und ihrer breiten Anwendbarkeit auf unlegierte, niedriglegierte, mittel- und höherlegierte Stähle große technische Bedeutung erlangt. Das Prinzip der HTMB ist in Abbildung 3 schematisch dargestellt. Es umfaßt eine Erwärmurng in den Temperaturbereich des stabilen Austenits(A), dessen plastische Verformung mit anschließender Phasenumwandlung zu Ferrit/Perlit (F/P), Bainit (B) oder Martensit (M) mit nachgeschaltetem Anlassen.

Im vorliegenden Beitrag wird am Beispiel der HTMB mit Ferrit-/Perlit-, Bainit- und Martensitumwandlung unter Berücksichtigung spezieller Technologien gezeigt, welche Möglichkeiten die TMB bietet, die mechanischen Eigenschaften der Stähle durch gezielte Beeinflussung relevanter Strukturmerkmale (Korngröße, -form, Versetzungsstrukturen, Textur, Ausscheidungen, Grenzflächen, Phasengemenge, Morphologie) zu verbessern. Diese Strukturmerkmale sind in der Regel nicht unabhängig voneinander, so daß Variationen eines Merkmals mit Veränderungen der übrigen korreliert sein können und sich dadurch anteilige Einflüsse auf die mechanischen Eigenschaften ergeben. Die gezielte Entwicklung von Werkstoffstrukturen durch TMB nach o. g. Gesichtspunkten ist prinzipiell auch bei Nichteisenmetallegierungen gegeben.

Auf Probleme, die mit der technischen Anwendung der TMB verbunden sind, wie Einordnung spezieller Anlagentechniken in der Metallurgie oder metallverarbeitenden Industrie einschließlich Meß-, Steuerungs- und Regelungstechnik zur Gewährleistung vorgegebener Verformungs-Temperatur-Zeitregime, technologische Sicherheit der Gewährleistung der Gebrauchseigenschaften von TMB-Stählen, spanlose und spangebende Bearbeitung, Schweißbarkeit, Ausnutzbarkeit der Eigenschaftsverbesserungen durch den Konstrukteur wird im vorliegenden Beitrag nur kurz hingewiesen.

Korngröße

Korngröße und -form sowie deren Verteilung können durch Warmformgebung je nach Legierungszusammensetzung und Verformungs-Temperatur-Zeit-Regime in weiten Grenzen variiert werden. Abbildung 4 zeigt dies schematisch am Beispiel des Warmwalzens [6]. Von Interesse ist hier die Kornfeinung, die als Verfestigungs-

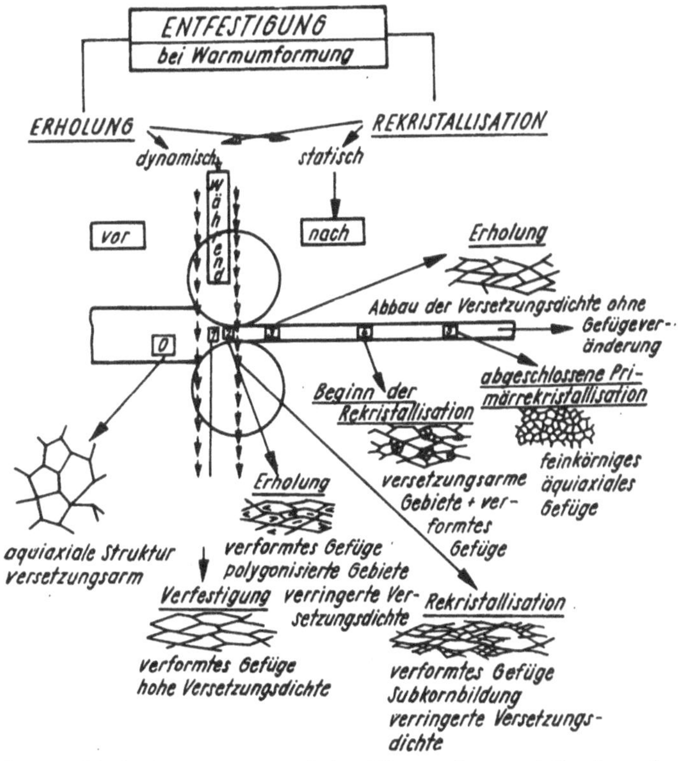

Abb. 4 Entfestigungsvorgänge beim Warmwalzen und Struktur des stabilen Austenits (schematisch, nach PAPSDORF [6])

mechanismus im Gegensatz zur Mischkristall-, Teilchen- und Versetzungshärtung eine Absenkung der Duktil-Spröd-Übergangstemperatur ermöglicht (Abb. 5) [7].

Dieser Mechanismus wird in Kombination mit den übrigen Verfestigungsmechanismen, insbesondere auf der Basis von Mikrolegierungselementen in breitem Umfang technisch genutzt [2, 8]. Dafür sind Hochleistungswalzstraßen entwickelt worden, deren Teilprozesse wie Erwärmungs-, Walz-, Abkühl- und Haspelanlagen bereits mit Rechnern gesteuert werden. Die Anwendung dieser unter der Bezeichnung „kontrolliertes Walzen" bzw. „Walzen mit gesteuerter Abkühlung" bekannten Technologien und deren physikalische Durchdringung wurde und wird vor allem durch die Entwicklung der höherfesten schweißbaren Baustähle, der Bewehrungsstähle und hochfester Stahldrähte stimuliert, deren Einsatz eine wesentliche Voraussetzung zur Senkung des Masse-Leistungs-Verhältnisses im Maschinen-, Anlagen-, Fahrzeugbau, für die Erschließung von Kältegebieten sowie für den rationellen Materialeinsatz im Bauwesen ist.

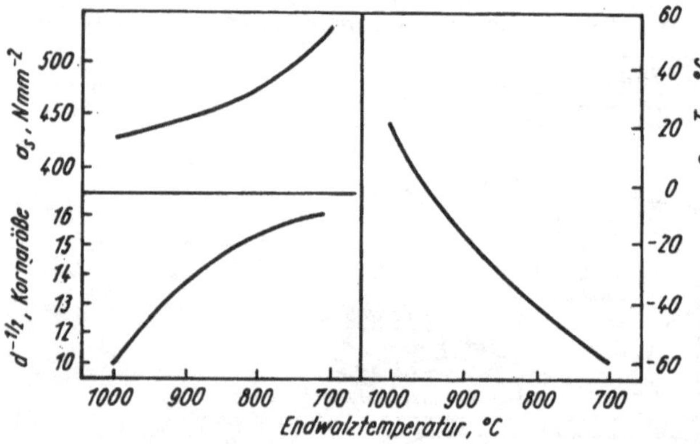

Abb. 5 Steckgrenze σ_S, Quadratwurzel aus der reziproken Korngröße d (mm) und Duktil-Spröd-Übergangstemperatur a_k—Tü eines C—Mn—Nb-Stahls in Abhängigkeit von der Endwalztemperatur (nach Irvine [7])

Obwohl der Einfluß der Korngröße auf die mechanischen Eigenschaften der Metalle und Legierungen seit langem bekannt ist und diese Erkenntnisse in der Praxis sehr frühzeitig genutzt worden sind (Tab. 1), konnten erst in den letzten Jahren wesentliche Fortschritte in der Aufklärung der mikrostrukturellen Prozesse bei der Warmformgebung erzielt werden [9, 10]. Von Interesse ist, daß unter Warmformgebungsbedingungen entgegen der bisherigen Auffassung Gefüge mit in Walzrichtung gestreckten Kristalliten hergestellt werden können. Solche gerichteten Gefüge ergeben in Verbindung mit martensitischer Umwandlung und nachfolgendem Anlassen relativ niedrige Duktil-Spröd-Übergangstemperaturen bei relativ hohen Streckgrenzen im Vergleich zu Gefügen mit äquiaxialen Kristalliten z. B. $\sigma_s = 750\ \mathrm{Nmm}^{-2}$; a_k — Tü = -100 °C, Nb-legier-

Tabelle 1
Überblick über die Entwicklung des Gebietes der thermomechanischen Behandlung (wissenschaftliche Erkenntnisse/industrielle Anwendung, ausgewählte Angaben)

Industrielle Anwendung	Jahr	*Wissenschaftliche Erkenntnisse*
	1858	1. Schrift über Rekristallisation, Pt-Draht, Noques
1. Patent zur Vergütung aus Umformungswärme (Brüninghaus)	1885	Begriff Rekristallisation, Sorby, Kalischer, Ledebur, Sauveur
	1909	Aushärtung, Wilm
	1916	Rekristallisationsdiagramm für Kaltumformung, Czochralski Korngrößenänderung beim Schmieden, Oberhoffer, Hammel, Laiber
Erfindung des Balligschleifens von Walzen für kontinuierliche Warmbandstraßen (Armco, USA)	1924	
	1926	Bainsche Deformation
	1928	Begriff Versetzung, Prandtl, Dehlinger
	1929	Diagramm für statische Rekristallisation bei Warmformgebung, Hanemann, Tafel, Schneider
	1930	Kurdjumov-Sachs-Relation
Warmbreitbandstraße mit Korngrößenregelung zur gezielten Einstellung der mechanischen Eigenschaften (USA)	1932	
	1934	Gleitprozesse, Orowan, Polanyi, Taylor
Vergütung aus der Umformungswärme (Deutschland, Walz- und Schmiedeerzeugnisse)	1940/43	
	1954	Ausforming (Austenitformhärten), Lips, van Zuilen
	1955	HTMB mit Martensitumwandlung, Sokolkov, Smirnov, Sadovskij
HTMB mit Martensitumwandlung (UdSSR)	1963	Martensitfestigkeit (Einfluß d. Kohlenstoffs), Winchell, Cohen
Kontrolliertes Walzen schweißbarer Baustähle auf kontinuierlichen Warmbandstraßen (USA)	1965	KTMB, Kurmanov, Isoforming, Irani, Latten-, Plattenmartensit, Substrukturvererbung Austenit/Martensit, Utevskij
ITMT-Prozeß, Al-Legierungen 1971 (Italien)	1971	Dynamische, metadynamische Rekristallisation bei Warmformgebung, Jonas, McQueen, McTegart, Luton, Sellars
HTMB mit Martensitumwandlung (DDR)		

ter C–Mn–Stahl) [11]. Die technische Anwendung solcher Gefüge erfordert außer der Bereitstellung stärker belastbarer Umformungsanlagen und leistungsfähiger Kühlstrecken vor allem die Beherrschung der Anisotropie der mechanischen Eigenschaften solcher Erzeugnisse, was u. a. Sulfidformkontrolle durch schmelzmetallurgische Maßnahmen voraussetzt wie sie bei der Herstellung kontrolliert gewalzter höherfester schweißbarer Baustähle bereits praktiziert wird. Abbildung 6 zeigt, daß das kontrollierte Walzen die durch herkömmliche Phasenumwandlung zu Ferrit/Perlit oder Bainit erreichbaren σ_s-a_k-$T_ü$-Kombinationen in Richtung höherer Streckgrenzen σ_s und niedrigerer Duktil-Spröd-Übergangstemperaturen a_k-$T_ü$ verschiebt [7].

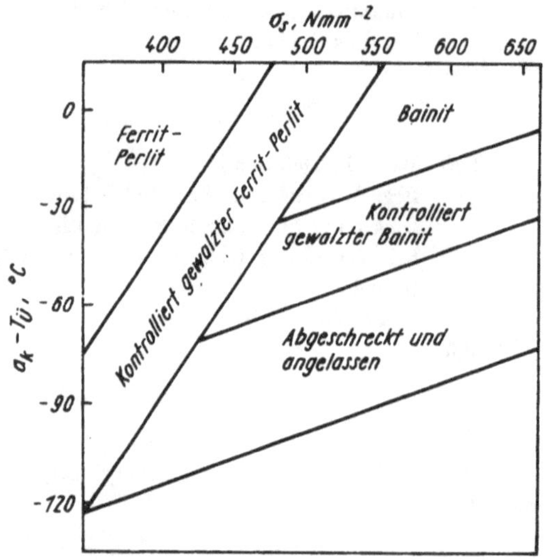

Abb. 6 Kombination zwischen Streckengrenze σ_s und Duktil-Spröd-Übergangstemperatur a_k — $T_ü$ für unterschiedliche Gefüge (nach Irvine [7])

Die Kopplung der Steuerung von Erholungs- und Rekristallisationsprozessen mit der Steuerung von Phasenumwandlungen bei der Abkühlung stellt je nach Anwendungsfall relativ hohe Anforderungen an die Gleichmäßigkeit der chemischen Zusammensetzung der Stähle und an die Genauigkeit, mit der ein vorgegebenes Verformungs-Temperatur-Zeit-Regime an einer Umformungsanlage einzuhalten ist.

Ein typisches Beispiel dafür, welcher technologische Aufwand erforderlich ist, um hochgezüchtete Eigenschaftskombinationen bei unlegierten und niedriglegierten Stählen zu erreichen, zeigt eine aus den USA als „continuum rolling“ bekannt gewordene Technologie, auf die im nächsten Abschnitt eingegangen wird.

Korngröße, Versetzungsstrukturen, Textur

Continuum rolling ist durch aufeinanderfolgende plastische Verformung des stabilen Austenits, des Zweiphasengemenges Ferrit/Austenit und der Ferrit-/Perlitstruktur entlang der Abkühlkurve 1 in Abbildung 3 gekennzeichnet [12]. Diese Technologie kombiniert: Kornfeinung des Austenits und Ferrits, Ausbildung einer polygonisierten Versetzungsstruktur mit relativ hoher Versetzungsdichte in den Subkörnern (Abb. 7) und Entwicklung einer {111} <100>-Textur.

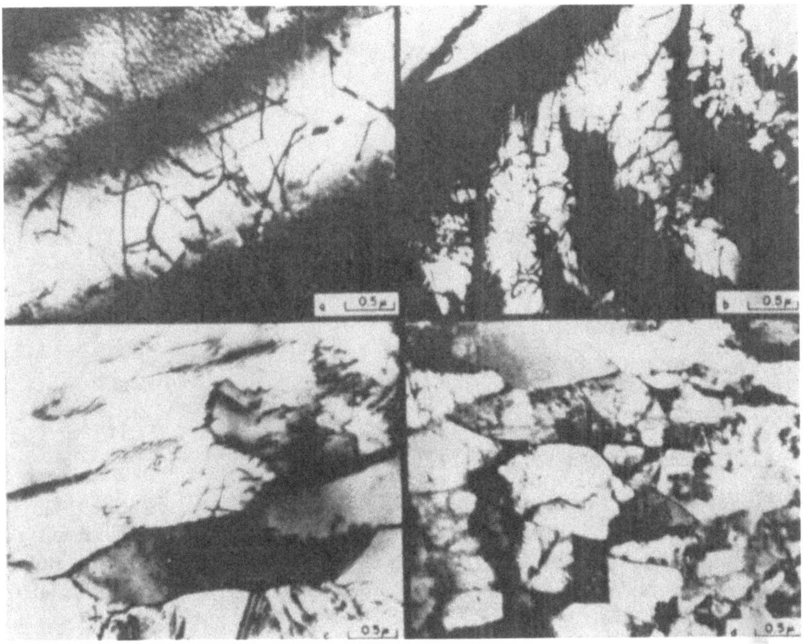

Abb. 7 Mikrostruktur eines 0,05% C – 1,08% Mn—Nb-Stahls in Abhängigkeit von der Endwalztemperatur bei continuum rolling. a = 955 °C; b = 815 °C; c = 705 °C; d = 480 °C. (nach MELLOY u. a. [12])

Kornfeinung, Versetzungszellstruktur und Versetzungsdichte tragen anteilig zur in Abbildung 8 dargestellten Festigkeitssteigerung bei, während die überraschend niedrige Duktil-Spröd-Übergangstemperatur von −120 °C auf o. g. Textur zurückzuführen ist. Abbildung 9 zeigt die Absenkung der Übergangstemperatur in Abhängigkeit vom Texturparameter I_{110}/I_{111}, welcher die {111} – Intensitäten der Walzebene und die {110} – Intensitäten der zur Walzebene senkrechten Ebene miteinander koppelt. Aus Bild 8 ist ersichtlich, daß konventionelles Warmwalzen, kontrolliertes Walzen und Walzen mit abgesenkter Endumformungstemperatur nicht geeignet sind, um die durch continuum rolling erzielten Eigenschaftskombinationen zu erreichen. Continuum rolling erfordert allerdings Umformungsanlagen zur Aufnahme der mit sinkender Verformungstemperatur stark ansteigenden Umformungskräften und intensive Kühlung zur Ableitung der aus der plastischen Verformung resultierenden Wärmemenge.

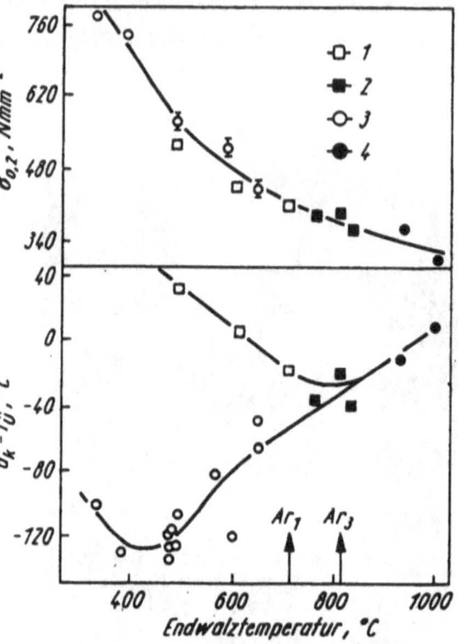

Abb. 8 Einfluß der Endwalztemperatur auf die $\sigma_{0,2}$-Dehngrenze und die Duktil-Spröd-Übergangstemperatur $a_k - T_ü$ eines 0,05% C — 1,08% Mn—Nb-Stahls für Walzen mit abgesenkter Endumformungstemperatur (1), kontrolliertes Walzen (2), continuum rolling (3) und konventionelles Warmwalzen (4); Gesamtumformungsgrad 87,5% (nach Melloy u. a. [12])

Korngröße, Versetzungsstrukturen, Ausscheidungen

Ein typisches Beispiel für die gezielte Herstellung feindisperser Mikrostrukturen für den Festigkeitsbereich > 1000 Nmm^{-2} stellt die HTMB mit Martensitumwandlung dar (Abkühlungskurve 2 in Abb. 3). Dabei werden durch ein bestimmtes Verformungs-Temperatur-Zeit-Regime erzeugte Versetzungsstrukturen und/oder ein feinkörniges Gefüge vom stabilen Austenit auf den Martensit vererbt [13], wie Abbildung 10 am Beispiel einer FeNiC-Modellegierung zeigt [14]. Daraus resultiert je nach Legierungssystem eine Verringerung der Abmessungen sowie eine Fragmentierung der Martensitkristalle [15], eine Veränderung der Martensitmorphologie [16] und des Restaustenitanteils sowie eine feinere Dispersion der Karbidausscheidungen nach Anlassen bei höheren Temperatuen ge-

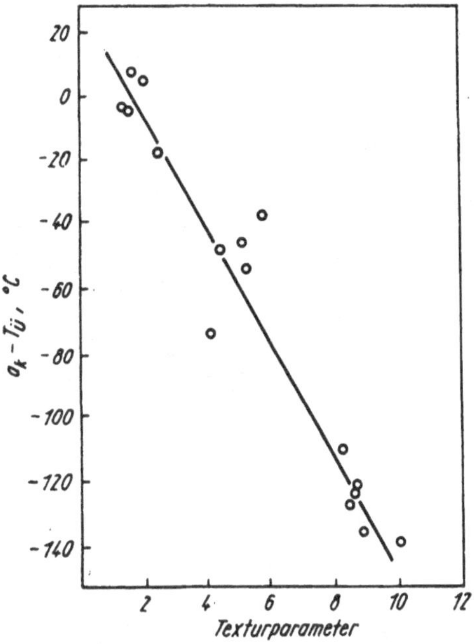

Abb. 9 Duktil-Spröd-Übergangstemperatur $a_k - T_ü$ eines 0,05 C — 1,08% Mn—Nb-Stahls in Abhängigkeit vom Texturparameter I_{110}/I_{111} (nach MELLOY u. a. [12])

genüber der Mikrostruktur nach konventioneller Wärmebehandlung [17]. Abbildung 11 zeigt die durch HTMB im Vergleich zur konventionellen Wärmebehandlung erzielte feinere Dispersion der Karbidausscheidungen im Federstahl 50SiMn7 [31].

Die Verfeinerung der Martensitstruktur durch HTMB hat außer einer Festigkeitssteigerung (vgl. Zugfestigkeitswerte für HTMB und KB in Abb. 11) vor allem eine Verbesserung der Eigenschaften im mikroplastischen Bereich, der Duktilität, Bruchzähigkeit K_{IC} und der Lebensdauer bei wechselsinniger Belastung zur Folge. Zum Beispiel zeigen durch HTMB hergestellte Spiralfedern eine geringere Relaxationsneigung als konventionell behandelte Federn (Abb. 12) [18]. Martensitischer HTMB-Stahldraht mit einer $\sigma_{0,2}$-Dehngrenze > 1800 Nmm^{-2} ist um einen Dorn, dessen Durchmesser dem Drahtdurchmesser entspricht, rißfrei wickelbar (Abb. 13), was nach konventioneller Wärmebehandlung auf gleiches Festigkeitsniveau nicht möglich ist [19].

Abbildung 14 zeigt, daß Bruchzähigkeit K_{IC} und $\sigma_{0,2}$-Dehngrenze des niedriglegierten martensitischen Stahls 50CrV4 durch HTMB im Vergleich zur konventionellen Behandlung gleichzeitig angehoben werden können und nahezu das Niveau der legierungsaufwendigen 18% Ni-Maraging-Stähle erreichen [19, 20]. Die Tabellen 2 und 3 zeigen als Beispiel die Erhöhung der Lebensdauer und die Masseeinsparung bei Blattfedern durch Anwendung der HTMB mit Martensit-

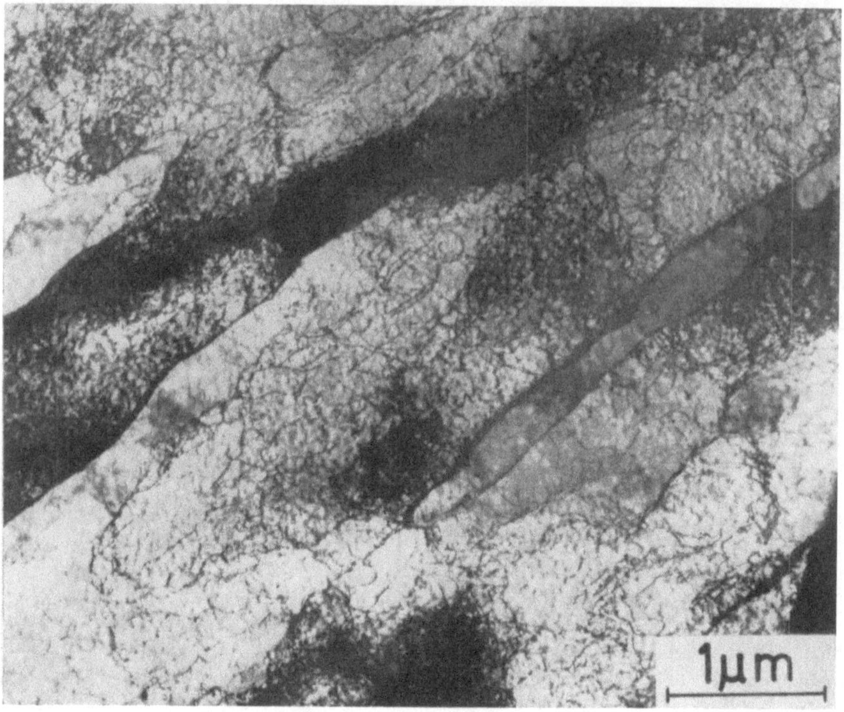

Abb. 10 Versetzungszellstruktur im stabilen Austenit und deren Übertragung auf den Martensit (S. 15 oben) bei HTMB einer Fe-24% Ni-0,5% C-Legierung (nach GÜTH [14])

Tabelle 2
Härte und Lebensdauer von LKW-Blattfedern nach konventioneller Behandlung (KB) und hochtemperaturthermomechanischer Behandlung (HTMB) [21]

Behandlung		Härte MRC	Anzahl der Lastwechsel bis z. Bruch		
			Minimum	10% d. Lagen gebrochen	50% d. Lagen gebrochen
KB		48	14 000	12 000	19 000
HTMB[1]	30	49	51 000	50 000	82 000
	45		69 000	68 000	111 000
	60		103 000	95 000	144 000
	75		85 000	90 000	95 000

[1] Verformungsgrad beim Walzen, %.

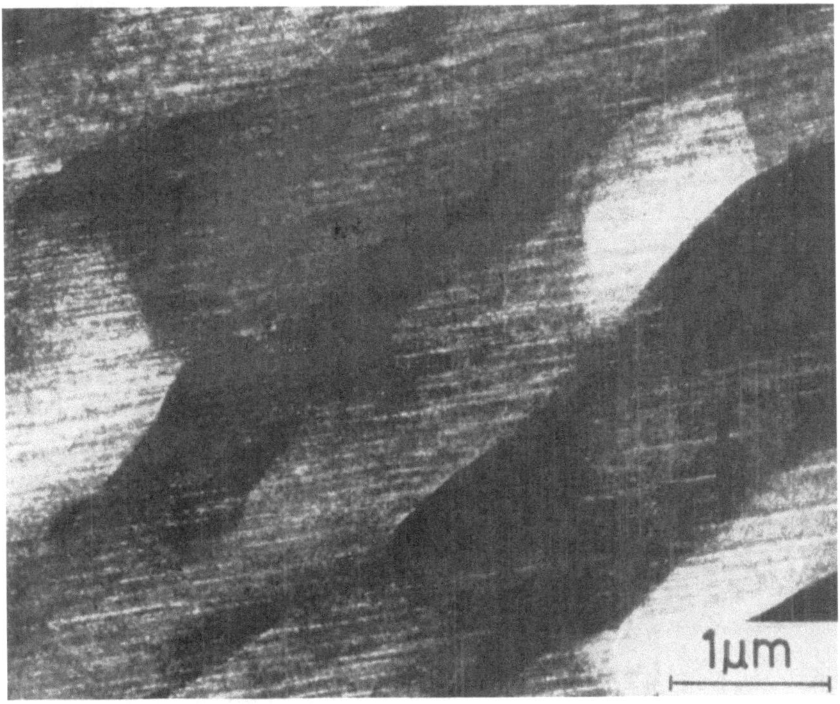

umwandlung [21]. Die angeführten Effekte sind mit einer Einsparung von Prozeßstufen (Energie, Anlagen, Arbeitskräfte, Transport) gekoppelt, da die bei konventioneller Behandlung erforderliche Erwärmung auf Härtetemperatur entfällt. Trotz dieser Vorteile wird diese TMB-Variante noch nicht in dem Umfang angewendet, wie die HTMB mit Ferrit/Perlit- und Bainitumwandlung [2, 8]. Wesentliche Ursachen dafür sind mit der Einordnung der Kühl- und Anlaßstrecken in Warmformgebungsprozesse verbundene Probleme sowie die aus dem hohen Festig-

Tabelle 3
Lastbereiche, erforderliche Lagenanzahl und Masse von LKW-Blattfedern nach konventioneller Behandlung (KB) und hochtemperaturthermomechanischer Behandlung (HTMB) [21]

Lastbereich	Anzahl der Lagen		Masse der Federn, kg	
N	HTMB	KB	HTMB	KB
13 000	5	8	23	30
15 000	5	9	25	33
16 500	6	10	28	36

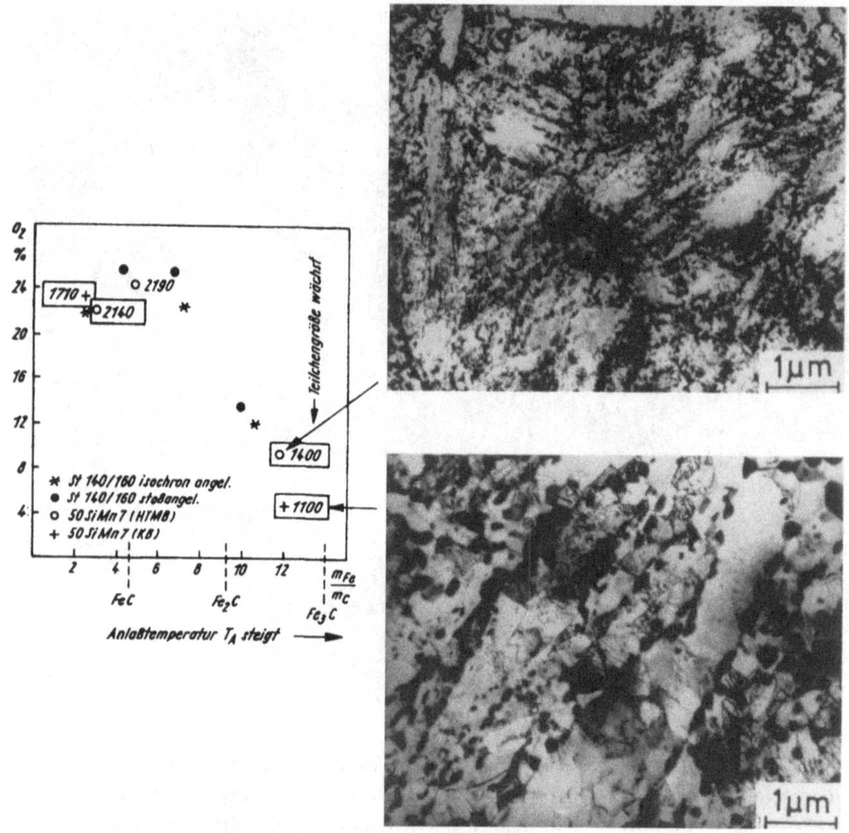

Abb. 11 Adsorbierter Sauerstoff bei Phasenisolierung als indirektes Maß der Karbidteilchengröße in Relation zum Fe/C-Verhältnis der isolierten Teilchen für Federstahl 50 SiMn7 nach HTMB und konventioneller Behandlung (KB). Zahlen im linken Teilbild — Zugfestigkeit, Nmm^{-2}; rechte Teilbilder — Mikrostruktur nach Anlassen bei 500 °C, 1 h; HTMB (oben), KB (unten)

keitsniveau resultierenden Verschleißprobleme bei Werkzeugen für die Ver- und Bearbeitung sowie Werkstoffprüfung. Die Anwendung der HTMB mit Martensitumwandlung ist deshalb bei solchen Erzeugnissen bevorzugt möglich, die einfache Querschnittsformen aufweisen und deren Abmessungen nach der Warmformgebung nahezu denen des Fertigerzeugnisses entsprechen bzw. nur eine geringe Nachbearbeitung erfordern. Um diesen Nachteil zu umgehen, wurden HTMB-Technologien entwickelt [3, 22], die nach dem Härten ein Anlassen bei hohen Temperaturen vorsehen, um mechanische Bearbeitung zu ermöglichen, und nach erneutem Härten Gebrauchseigenschaften ergeben, die jene nach konventioneller Behandlung noch übertreffen.

In jedem konkreten Anwendungsfall entscheidet das Aufwand-Nutzen-Verhältnis, welcher technologischen Variante der Vorzug zu geben ist. Selbst bei Anwendungsfällen, die keine Verbesserungen der Gebrauchseigenschaften verlangen, bleibt die Einsparung der bei konventioneller Behandlung erforderlichen Erwärmung ein unbestreitbarer wirtschaftlicher Vorteil der HTMB mit Martensitumwandlung.

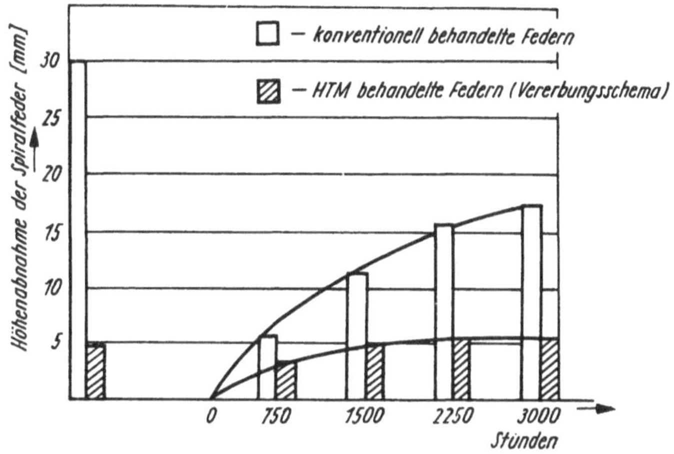

Abb. 12 Höhenabnahme von Spiralfedern, hergestellt durch HTMB und konventionelle Behandlung, in Abhängigkeit von der Belastungsdauer (nach Bernštejn [18])

Abb. 13 Wickelprobe aus hochfestem martensitischen Stahldraht nach HTMB. $\sigma_{0,2}$-Dehngrenze > 1800 Nmm^{-2}; Drahtdurchmesser 10 mm (nach Zouhar jr. [19])

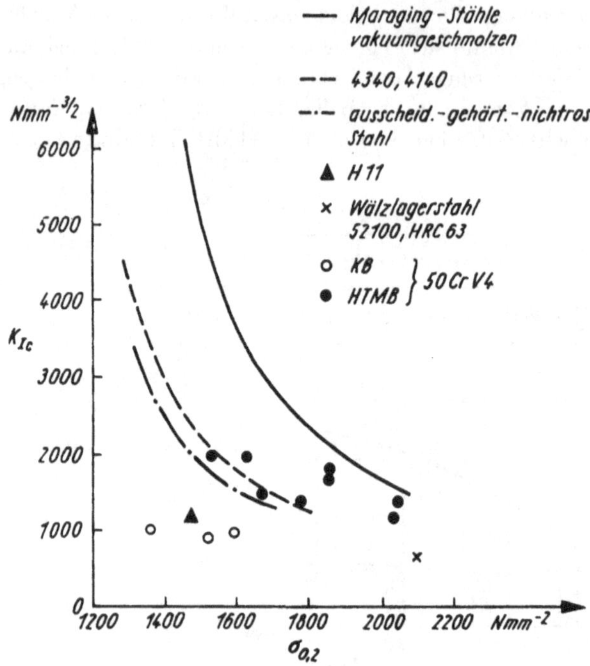

Abb. 14 Relation zwischen Bruchzähigkeit K_{Ic} und $\sigma_{0,2}$-Dehngrenze für hochfeste stähle (50 CrV4, nach ZOUHAR JR. u. a. [20]; übrige Angaben nach AVERBACH [30])

Außer der Lösung o. g. Probleme setzt die Anwendung dieser TMB-Variante auch die Beherrschung des Einflusses von Stahlbegleit- und Spurenelementen voraus, die durch Korngrenzenschwächung die Ausnutzbarkeit der Matrixverfestigung durch HTMB begrenzen können [23]. Neue Gesichtspunkte ergeben sich auch für den Einsatz niedrigangelassener hochfester martensitischer HTMB-Stähle. Wie Abbildung 15 zeigt, ist der Dimensionierung von Konstruktionselementen aus solchen Stählen nicht die $\sigma_{0,2}$-Dehngrenze, sondern die aus der Bruchzähigkeit K_{IC} und der Rißtiefe a sich ergebende Spannung zugrunde zu legen [24]. Aus dieser Darstellung leitet sich auch die Notwendigkeit ab, die Bruchzähigkeit des niedrigangelassenen Martensits zu erhöhen.

Phasengemenge

Phasengemenge erweitern die Möglichkeiten der gezielten Verbesserung der mechanischen Eigenschaften von Legierungen, da sich die Variationsbreite der Struktur durch Auswahl der Form, Verteilung und Eigenschaften der Einzelphasen vergrößert. Z. B. sind durch eine spezielle TMB ungewöhnliche Kombi-

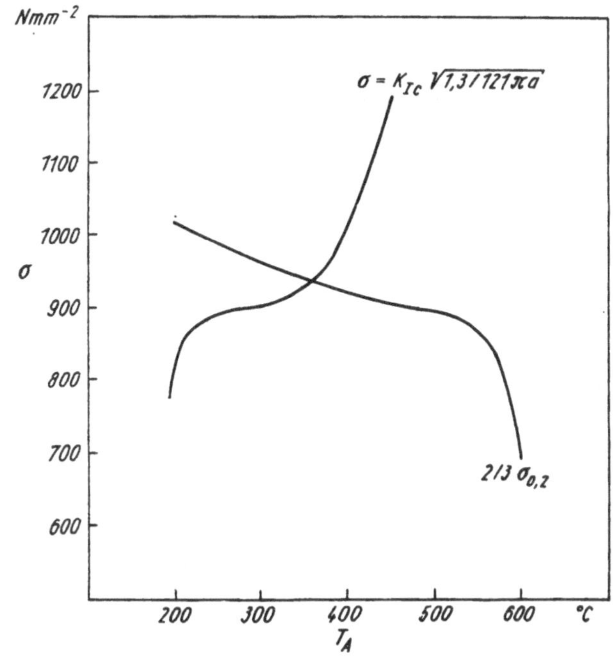

Abb. 15 Zulässige Spannung σ, basierend auf $\sigma_{0,2}$-Dehngrenze und Bruchzähigkeit K_{Ic}, in Abhängigkeit von der Anlaßtemperatur T_A für NiCrMo-Stähle; a = 1,7 mm (nach MAY u. a. [24])

nationen mechanischer Eigenschaften bei Kohlenstoffstählen erreicht worden, deren Kohlenstoffgehalt ca. 1,3–1,9% beträgt [25]. Die TMB erfolgt im Existenzbereich des Zweiphasengemenges Austenit/Sekundärzementit und führt zur Ausbildung eines Mikroduplexgefüges, bestehend aus Ferritkristallen < 1 μm und Zementitteilchen < 0,1 μm bei 20—35% Volumenanteil Zementit. Diese Struktur ergibt hohe Festigkeit und Duktilität bei Raumtemperatur ($\sigma_{0,2}$-Dehngrenze = 1035 Nmm^{-2}, Bruchdehnung = 15%) und superplastische Eigenschaften bei erhöhten Temperaturen (700–760% Dehnung bei 630 °C). Bemerkenswerte Effekte sind auch bei gewöhnlichen niedriglegierten Stählen mit Martensit/Austenit-Mikroduplexgefüge erreichbar. Mit dem Ziel, die Masse der Kraftfahrzeuge zu verringern sind in Japan und den USA sog. „dual-phase"-Stähle mit feindispersen Ferrit/Martensit-Gefügen bis zur technischen Anwendungsreife entwickelt worden [26 bis 28, 30]. Diese Stähle besitzen bei Zugfestigkeiten der höherfesten schweißbaren Baustähle eine ausgezeichnete Kaltumformbarkeit (Abb. 16). Ihre Herstellung erfolgt aus warm- oder kaltgewalzten niedrigkohlenstoffhaltigen Stählen auf rechnergesteuerten Hochleistungsdurchlaufglühanlagen (Abb. 17) durch Wasserabschreckung aus dem Zweiphasengebiet α/γ (Abb. 18) [29]. Dabei wandeln

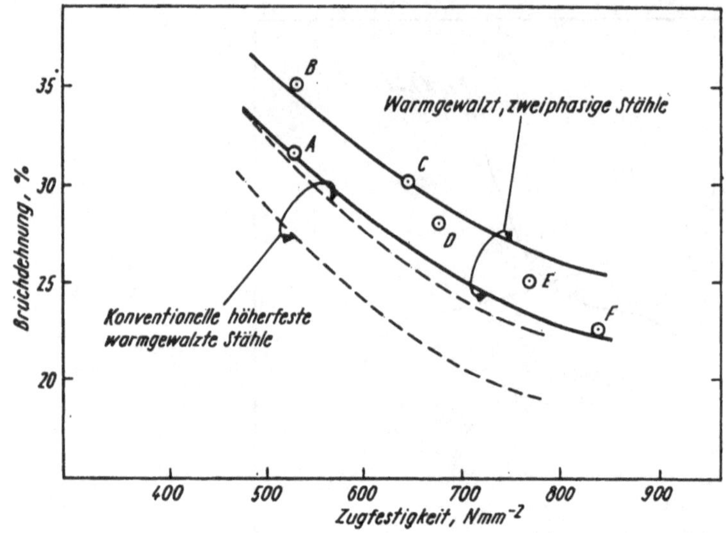

Abb. 16 Bruchdehnung in Relation zur Zugfestigkeit für konventionelle höherfeste warmgewalzte Stähle und für warmgewalzte, zweiphasige Stähle (nach Hayami u. a. [27]).

Chemische Zusammensetzung:
A = 0,08% C; 0,4% Si; 1,5% Mn
B = 0,06% C; 1,0% Si; 1,5% Mn
C = 0,10% C; 1,1% Si; 1,4% Mn
D = 0,10% C; 1,1% Si; 1,6% Mn
E = 0,11% C; 1,3% Si; 1.6% Mn
F = 0,12% C; 1,4% Si; 1,6% Mn

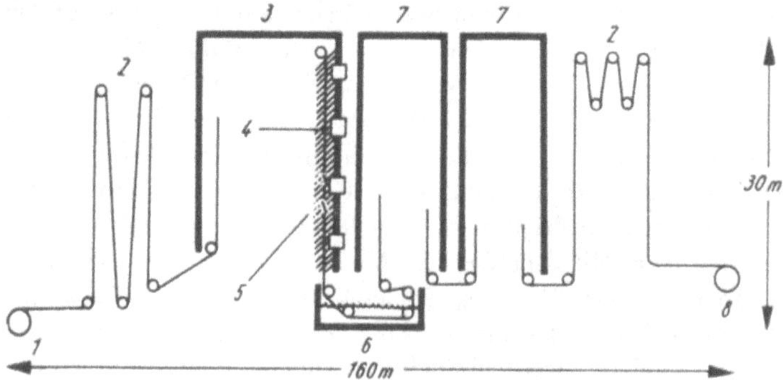

Abb. 17 Kontinuierliche Durchlaufglühanlage zur Herstellung von Bandstahl mit Zweiphasengefüge (schematisch, nach Owen [26]). 1 — Abwickelhaspel, 2 — Schlingenregelung, 3 — Rekristallisationsofen, 4 — Temperaturmeßgerät, 5 — Gaskühlzone, 6 — Abschreckbad (H_2O), 7 — Anlaßofen, 8 — Aufwickelhaspel

die hochkohlenstoffhaltigen Austenitbereiche zu Martensit um, wodurch der Ferrit plastisch stark verformt wird und dadurch eine hohe Versetzungsdichte aufweist (Abb. 19).

Als Alternative zu dieser Technologie wird die Herstellung von „dual-phase"-Stählen durch Luftabkühlung oder beschleunigte Abkühlung an Warmbandstraßen verfolgt, wobei nach üblichem kontrolliertem Walzen aus dem Zweiphasenbereich Ferrit/Austenit abgekühlt wird [26]. Bedingt durch den Existenzbereich der Zweiphasengebiete werden an die Einhaltung der technologischen Parameter sehr hohe Genauigkeitsanforderungen gestellt, die sich in einem hohen Meß-, Steuerungs- und Regelungsaufwand widerspiegeln. Diese Werkstoff- und technologischen Entwicklungen erfordern Systemlösungen mit hoher Paßfähigkeit der aufeinander folgenden Fertigungseinheiten.

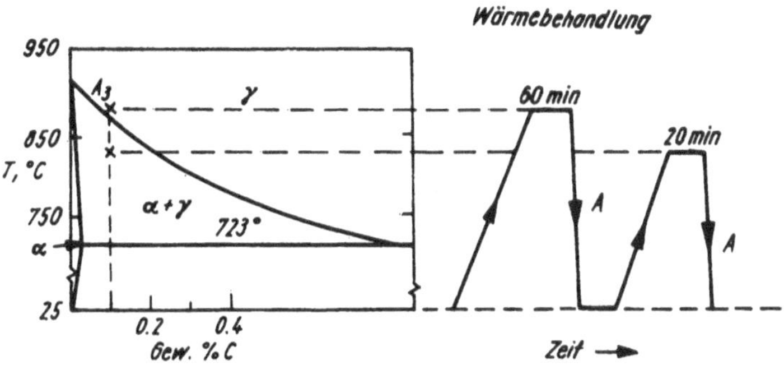

Abb. 18 Prinzip der Wärmebehandlung zur Herstellung niedrig kohlenstoffhaltigen Stahls mit Dual-Phasen-Gefüge Ferrit/Martensit (nach Koo [29])

Abb. 19 Dual-Phasen-Gefüge eines 2% Si- 0,065% C-Stahls. Zwei parallele Martensitnadeln umgeben von Ferrit mit hoher Versetzungsdichte (nach Koo [29])

Schlußfolgerungen

Die durch TMB erreichbaren gleichzeitigen Verbesserungen von sich gegenläufig ändernden mechanischen Eigenschaften zeigen, daß die strukturellen Möglichkeiten der Metalle und Legierungen zur Erhöhung der Festigkeit, Duktilität, Bruch- und Ermüdungsresistenz bei weitem noch nicht ausgeschöpft sind. Die Aufklärung dieser Phänomene und ihre mathematisch-physikalische Fundierung ist eine der vordringlichsten Aufgaben der Werkstoffwissenschaft.

Die Kopplung der Formgebungsverfahren mit einer gezielten Entwicklung von Werkstoffstrukturen hat neuartige Technologien und hochleistungsfähige rechnergesteuerte Anlagentechniken in der Metallurgie und metallverarbeitenden Industrie hervorgebracht. Der Trend zu höheren Durchsatzleistungen, besserer Maßhaltigkeit, Gleichmäßigkeit und Oberflächengüte der metallurgischen Erzeugnisse bestimmt weiterhin maßgeblich die Entwicklung der Formgebungsverfahren, so daß mikrostrukturelle Mechanismen zur Ausnutzung von TMB-Effekten unter den Bedingungen hoher Formänderungsgeschwindigkeiten erarbeitet werden müssen.

Die durch die TMB gegebenen Möglichkeiten der Mechanisierung und Automatisierung von Fertigungsprozessen, der Einsparung von Prozeßstufen, der Verbesserung der Gebrauchseigenschaften metallurgischer Erzeugnisse eröffnen dieser Technologie unter dem Aspekt der Energieeinsparung, Erhöhung der Materialökonomie und Intensivierung technologischer Prozesse in der Perspektive einen breiten Anwendungsumfang.

Die optimale Ausnutzung der durch TMB verbesserten Eigenschaftskombinationen erfordert eine Vertiefung der interdisziplinären Zusammenarbeit zwischen zwischen Metallurgen, Werkstoffwissenschaftlern, Festkörperphysikern, Festkörpermechanikern, Technologen, Konstrukteuren, Verfahrenstechnikern und Ökonomen.

Literatur

[1] Stich, W.: Wärmebehandlung von Stählen aus der Walz- oder Schmiedehitze. Bericht Nr. 53 des Werkstoffausschusses des Vereins Deutscher Eisenhüttenleute. 218.

[2] Kula, E. B. und Azrin, M.: Thermomechanical Processing of Ferrous Alloys. In: Advances in Deformation Processing. Hrsg. J. J. Burke, V. Weiss. Plenum Press, New York, London, 1978. 245.

[3] Bernštejn, M. L.: Termomechaničeskaja obrabotka metallov i splavov. Metallurgija, Moskau, 1968.

[4] Craik, R. L.: The Effects of Warm Working on the Properties of Medium Strength Engineering Steels. In: Proc. Sympos. Steel-Strengthening Mechanismus, Climax Molybd. Comp., 1969, 45.

[5] Hornbogen, E.: Die Grundmechanismen der Härtung und deren Kombination zum Erreichen höchster Festigkeit in Legierungen. 3. Internat. Sympos. Reinstoffe in Wissenschaft und Technik, 1970, Dresden. Akademie Verlag, Berlin 1972, 431.

[6] Papsdorf, P. und Lehnert, W.: Weiterbildungsveranstaltung des Wissenschaftsbereiches Metallformung, Bergakademie Freiberg, Juni, 1974. Unterlagen Teil 3.

[7] Irvine, K. J.: A Comparison of the Bainite Transformation with other Strengthening Mechanismus in High-Strength Structural Steel. In: Proc. Sympos. Steel-Strengthening Mechanismus, Climax Molybd. Comp., 1969, 55.

[8] Uzlov, I. G.: Povyšenie svojstv i effektivnosti primenenija prokata putem termičeskogo upročnenija. Stal' 37 (1977), Nr. 10, 943.

[9] Tegart, W. J. Mc G. und Gittins, A.: The Hot Deformation of Austenite. In: Proc. Conf. on Hot Deformation of Austenite, 1977, New York. Hrsg. J. B. Ballance, 1.

[10] Mc Queen, H. J. und Jonas, J. J.: Recovery and Recrystallization during High Temperature Deformation. In: Plastic Deformation of Metals vol. 6, Hrsg. R. J. Arsenault, Academic Press, New York, 1975, 393.

[11] Le Bon, A. und Rossard, C.: Exemples d'Application des Traitements thermomecaniques a haute Temperature aux Aciers soudables (T. T. M. H. T.). In: Proc. 4th Internat. Conf. on the Strength of Metals and Alloys, Nancy vol. 2, Aug./Sept. 1976, 717.

[12] Melloy, G. F. und Dennison, J. D.: Continuum Rolling — a unique Thermomechanical Treatment for Plain — Carbon and Low — Alloy Steels. In: Third International Conf. on the Strength of Metals and Alloys, Cambridge, 1973, 60.

[13] Kurdjumov, G. V. und Entin, R. I.: Struktura martensita i pročnost' stali, Izvestija Akademii Nauk SSSR, Metally (1969) Nr. 1, 31.

[14] Güth, A.: Elektronenmikroskopische Untersuchungen zur Martensitumwandlung einer FeNiC-Legierung. Veröff. zur 9. Tagung „Elektronenmikroskopie" der DDR, Jan. 1978, Dresden, 128.

[15] Kogan, L. I., Pileckaja, I. B., Sarrak, V. I. u. a.: Upročnenie i tonkaja struktura stali pri termomechaničeskoj obrabotke. In: Problemy metallovedenija i fiziki metallov, Nr. 9, Metallurgija, 1968, 107.

[16] Sarkar, B., Ray, R. K. und Seal, A. K.: Effect of TMT on the Toughness and Fracture Characteristics of two Fe-Mn-Ni Alloys. In: Proc. 4th Internat. Conf. on Fracture, Waterloo, Canada 1977, vol. 2, 111.

[17] Kozlova, A. G.: O strukturnych pričinach upročnenija konstruktionnych stalej v rezul'tate tmo. In: Problemy metallovedenija i fiziki metallov, Nr. 4, Moskau, Metallurgija, 1977, 22.

[18] Hensger, K.-E.: Hochtemperaturthermomechanische Behandlung von Federstahl. Neue Hütte 22 (1977) Heft 12, 672.

[19] Zouhar jr., G.: Zur technischen Anwendung der thermomechanischen Behandlung von Stählen. XVI, Härtereitechnische Fachtagung, Suhl 1977, Bd. 46, 158.

[20] Zouhar jr., G., Finke, P., Güth, A. u. a.: Gleichzeitige Festigkeits-, Duktilitäts- und Bruchzähigkeitssteigerung von niedriglegierten Stählen durch HTMB. Neue Hütte 21 (1976) Heft 8, 463.

[21] Bock, R. A. und Justusson, W. M.: Modified Ausforming Strengthens Springs, Metal Progr., 94 (1968) Nr. 6, 107.

[22] Hensger, K.-E.: Grundlagen der HTMB von Stahl. Neue Hütte 22 (1977) Heft 9, 490.

[23] Zouhar, jr., G., Finke, P., Güth, A. u. a.: Relation between Structure and Mechanical Properties of High Strength Low-Alloy Martensitic Steels after High Temperature Thermomechanical Treatment. In: Proc. of 5th Internat. Conf. on the Strength of Metals and Alloys, Aachen, 1979, vol. 2, 1377.

[24] May, M. J., Gladman, T. und Walker, E. F.: Recent developments in ultra high strength steels and their applications. Phil. Trans. R. Soc. Lond. A, vol. 282, 377.
[25] Walser, B., Kayali, E. S., Sherby, O. D.: Warm working and superplasticity in plain ultrahigh carbon steels. Proc. 4th Internat. Conf. on the Strength of Metals and Alloys, Nancy, vol 1, Aug./Sept. 1976, 456.
[26] Owen, W. S.: The development of high strength steels for automobiles. Metallurgia italiana (1977), 7/8, 293.
[27] Hayami, S., Furukawa, T., Gondoh, H. u. a.: Recent developments in formable hot- and cold-rolled HSLA including dual-phase sheet steels. Nippon Steel Corp. 1977.
[28] Rigsbee, J. M. und Vander Arend, P. J.: Laboratory studies of microstructures and structure-property relationships in „dual-phase" HSLA steels, Mai 1978, Republic Steel Research Center, Ohio, USA.
[29] Koo, J. Y. und Thomas, G.: Design of Duplex Fe/X/0,1 Steels for improved mechanical properties. Met. Trans. vol 8 A (1977) März, 525.
[30] Averbach, B. L.: Microstructure and Fracture Toughness, In: Fracture Prevention and Control, Proc. Sympos. 1972 Western Metal, Tool Exposition, März 1972, Los Angeles, Kalifornien. Nr 3 ASM Materials/Metalworking Technology Series.
[31] Kunath, J., Güth, A. und Zouhar jr., G.: ZFW Dresden, unveröffentlichte Arbeiten.

Wolfgang Bobeth

Technologien zur gezielten Erzeugung von Werkstoffstrukturen an Polymeren durch Kombination mechanischer und thermischer Behandlung — Thermoplaste

Viele ehemals nur metallurgische Formgebungstechnologien wie z. B. Gießen, Walzen, Pressen, Ziehen und deren Abarten haben auch für Thermoplaste Anwendung gefunden. Sowohl an Metallen als auch an Thermoplasten können kombinierte mechanische und thermische Behandlungen in vielfältiger Weise gezielte Werkstoffstrukturen bewirken. Im Falle der hier für Thermoplaste darzustellenden Beispiele handelt es sich primär um die eigentlichen Werkstoffstrukturen und sekundär um deren Auswirkungen auf die Makrostruktur des Gegenstandes und dessen Eigenschaften. Primäre und sekundäre Auswirkungen müssen als Einheit gesehen und daher im folgenden auch so besprochen werden.

Die Struktur von thermoplastischen Polymeren ist in erster Linie charakterisiert durch Ordnung und Orientierung der Bausteine. Abbildung 1 läßt erkennen,

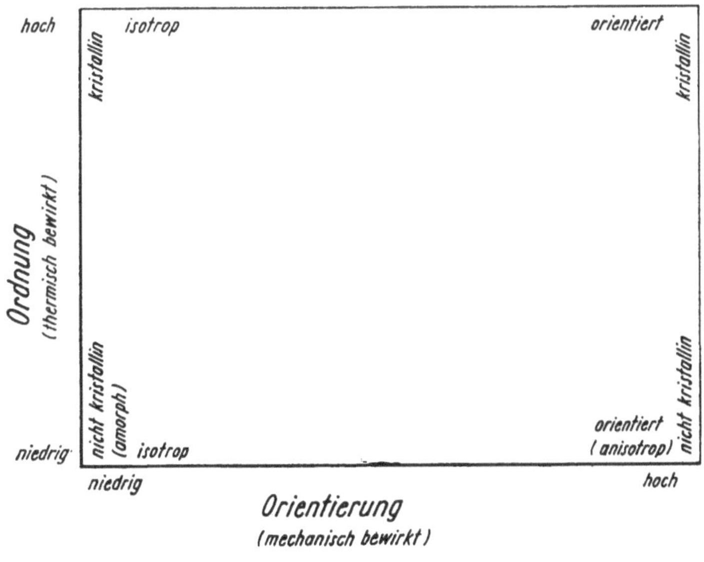

Abb. 1 Strukturvarianten auf Basis von Orientierung und Ordnung

wie vielfältig der meist teilkristalline Werkstoff beschaffen sein kann, was weitgehend abhängig ist von mechanischen und thermischen Einwirkungen. Unter Nutzung derzeitiger Kenntnisse über den strukturellen Polymerenaufbau und dessen Auswirkungen auf Verarbeitbarkeit und Gebrauchseigenschaften sind die Technologen bestrebt, optimale Werkstoffbeschaffenheit im Hinblick auf den Einsatz des Finalproduktes zu erreichen. Die für Technologen praktikablen Strukturvorstellungen über Polymere basierten in den letzten Jahrzehnten vielfach auf einer Darstellung (Abb. 2) nach T. Alfrey [1], bei der es sich um eine Zweiphasenstruktur handelt. Die Länge der Makromoleküle übersteigt die Längenabmessungen der kristallinen Bereiche um ein Mehrfaches. Dadurch befinden sich Teile eines Makromoleküls sowohl gestreckt in kristallinen als auch mehr

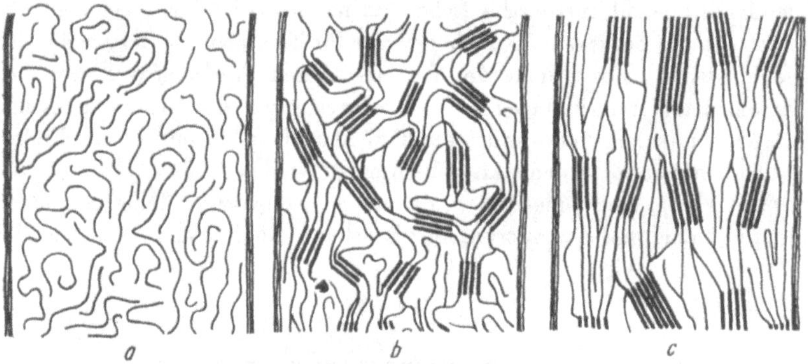

Abb. 2 Nichtkristalline (amorphe) und kristalline Polymere [1]
a – nichtkristallin
b – nichtorientierte kristalline Bereiche
c – orientierte kristalline Bereiche

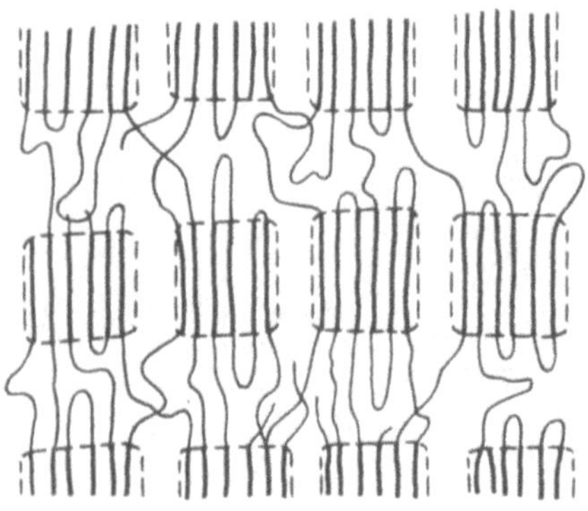

Abb. 3 Schema des Fibrillenaufbaues auf Basis Kettenfaltung und Schichtenmodell

oder weniger geknäult in nichtkristallinen Bereichen, was den Substanzzusammenhalt im Sinne eines Netzwerkes bewirkt. Inzwischen hat man aber Schichtenmodellvorstellungen entwickelt, wonach die teilkristallinen Bereiche (Lamellen) z. B. in einer Fibrille aus gefalteten Kettenteilen bestehen (Abb. 3). Die Makromoleküle durchlaufen demnach mehrfach den kristallinen Bereich und sind im

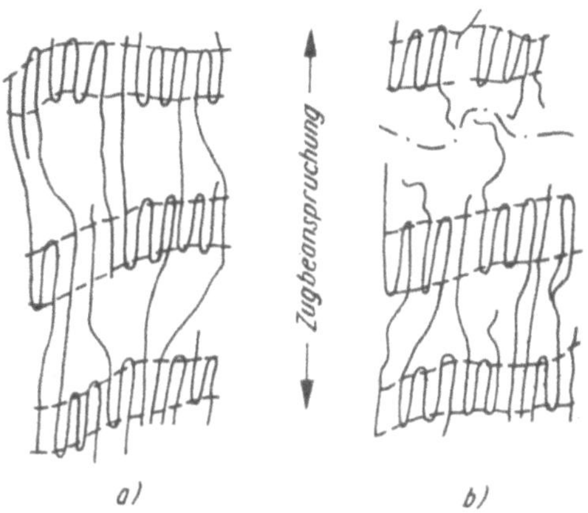

Abb. 4 Makromolekülverhalten beim Zerreißen eines ungereckten Polyamid 6-Monofils [2]

a — kurz vor dem Bruch

b — im Moment des Bruches

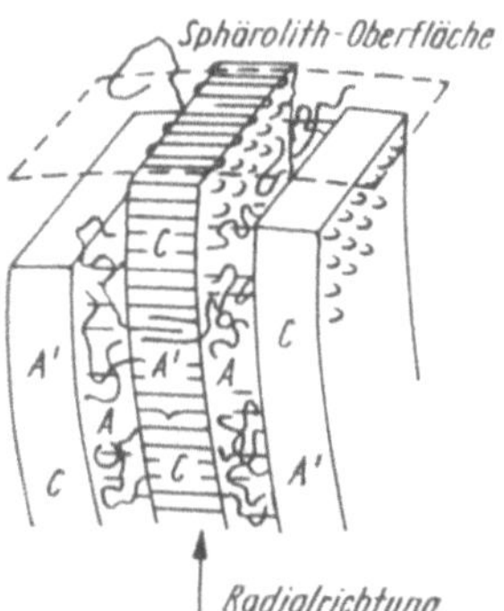

Abb. 5 Modell des Strukturaufbaues im Sphärolithen [3]

A — nichtkristalliner Bereich, in dem die Molekülketten zu Mikro-Brown'scher Bewegung fähig sind.

A' — Störbereich, dessen Molekülketten örtliche Drehbewegungen um ihre Achsen, jedoch keine Mikro-Brown'schen Bewegungen ausführen können

C — kristalliner Bereich mit vollkommener Regelmäßigkeit

nichtkristallinen Bereich in Schlaufenform oder stark geknäult im Übergang zur nächsten Lamellenschicht vertreten. Je straffer ein Makromolekülteil zwischen zwei Lamellenschichten angeordnet ist, um so schneller kommt es bei Zugbeanspruchungen zu deren Bruch und damit zu einer Fehlstelle [2], die schließlich zum Gesamtbruch der Probe führt (Abb. 4). Diese Strukturvorstellungen werden derzeit insbesondere in quantitativer Hinsicht von Spezialisten weiter präzisiert (vgl. Diskussionsbeitrag von Ch. Ruscher). In diesem Zusammenhang müssen noch als wichtige Struktureinheit die Sphärolithe erwähnt werden, die vielfach kugelartig sind und aus mehr oder weniger verzweigten Lamellenbündeln bestehen.

Bild 5 zeigt schematisch einen Teilausschnitt aus einem Sphärolith nach M. Takayanagi [3].

Große Bedeutung für Polymere besitzt der Mechanismus des Fixierens bzw. Temperns, der insbesondere für folien- und fadenartige Gebilde genutzt wird und mechanische und thermische Behandlung kombiniert.

Wie Abbildung 6 schematisch erkennen läßt [4], werden bei Verformungen Wasserstoffbrücken bzw. Nebenvalenzbindungen zwischen den Makromolekülen

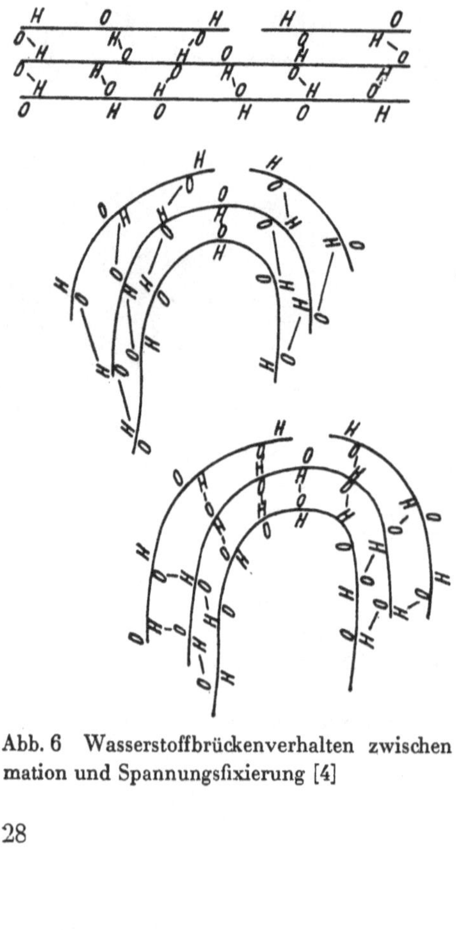

a

b

c

Abb. 6 Wasserstoffbrückenverhalten zwischen Polyamid-Makromolekülen nach Deformation und Spannungsfixierung [4]

angespannt (Abb. 6 b) und haben das Bestreben, unter Wärmeeinwirkung wieder die alte Lage einzunehmen („Schrumpffixierung"). Will man den verformten Zustand aber beibehalten, muß man im verformten Zustand – also unter Spannung – durch Wärmeeinwirkung die Wasserstoffbrücken bzw. Nebenvalenzbindungen lösen und diese sich neu im Sinne eines „Endergieminimums" bilden lassen (Abb. 6 c), womit die gewünschte Form hinreichend stabilisiert ist („Spannungsfixierung").

Bereits bei der Formgebung an Polymeren können unter Nutzung der bisher vorliegenden Erkentnisse gezielt Werkstoffstrukturen und Eigenschaften beachtlichen Umfangs erreicht werden. Bekanntlich lassen sich bei der Herstellung von polymeren Fäden Orientierung und Ordnung weitgehend durch Verformungs-(Spinn-)Geschwindigkeit (Abb. 7) und Temperatureinwirkung beeinflussen.

Im Falle der Herstellung von Polyesterfäden erzielt man beim thermoplastischen „Langsam"spinnen (bis 1800 m/min) nahezu ungereckte Fäden mit sehr geringer Orientierung und Ordnung. Das Finalprodukt weist hohe Restdehnung und hohen Thermoschrumpf auf. Wird mittelschnell gesponnen (bis 3000 m/min), so erzielt man eine gewisse Vorreckung bzw. Orientierung und infolge höherer Reckwärme auch erste Ordnungsansätze, die aber nicht die Molekülbeweglichkeit und den Schrumpf behindern. Erst beim „Schnell"spinnen (über 3000 m/min) kommt es – gegebenenfalls mit Zusatzwärmeeinwirkung – zu höchster Orientierung und Ordnung, was insbesondere geringen Kochschrumpf bewirkt. Unterzieht man langsam gesponnenes Material einer Nachreckung, so erhält man im kalten Zustand fast die gleiche Orientierung wie beim Heißrecken, jedoch eine wesentlich niedrigere Ordnung, so daß das Material stark schrumpffähig ist. Bei heißem Nachrecken wird auch hier infolge hoher Ordnung das Schrumpfen unterbunden.

Bei der Herstellung von Folien aus Polyolefinen kann beim Ziehprozeß die Abkühlung schockartig oder auch langsam vorgenommen werden. Im letzteren Fall formieren sich die kristallinen und nichtkristallinen Bereiche zu Überstruk-

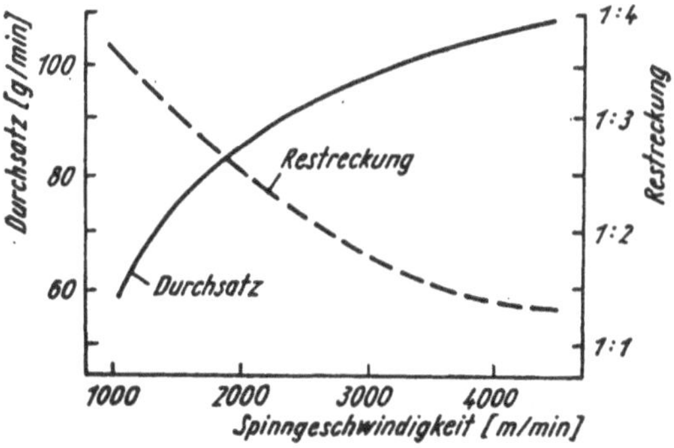

Abb. 7 Restreckung und Massedurchsatz an der Düse in Abhängigkeit von der Spinngeschwindigkeit an Polyester-Seide (nach Lünenschloss)

turen und zwar zu Sphärolithen (Abmessungen zwischen 5 und 30 µm). Darüber hinaus erkennt man lamellare Feinstrukturen, der sich bevorzugt parallele, aber auch quer zur Abzugsrichtung liegende „Shish-kebabs“ (Schaschlyk-Form) überlagern. Diese Strukturen beeinflussen einerseits die Oberflächenglätte derartiger 35 µm-Folien, andererseits aber auch die mechanischen Eigenschaften.

Im Falle der Herstellung stärkerer Polyamid-Fäden bzw. -Borsten mit geringem Verzug bilden sich ebenfalls Sphärolithe, die infolge ihrer Größe zu vorzeitigen Fadenbrüchen führen können. Bild 8 läßt in einem bilateralen Polyamidfaden (s. u.), insbes. nach dem Dämpfen, zwischen gekreuzten Polarisationsfiltern in der einen Fadenhälfte zahlreiche Sphärolithe erkennen [5]. Anders liegen die Verhältnisse bei Polyamid-Stäben. Hier kommt es bei langsamer Abkühlung infolge der vorhandenen Kristallkeime zu einem relativ gleichmäßigen Gefüge aus vielen kleinen Sphärolithen, was sich positiv z. B. auf die Festigkeit auswirkt. Bei zu schneller Abkühlung des mechanisch geformten Gegenstandes bilden sich innere Spannungen aus; auch hat die Außenhaut eine andere Struktur (amorphes bis feinkristallines Gefüge). Dadurch verursachte innere Spannungen können beim späteren Gebrauch von Formkörpern deren Verziehen (ausgelöst z. B. durch Feuchteaufnahme) bewirken. Derartige Spannungen lassen sich durch Tempern (Fixieren) beseitigen.

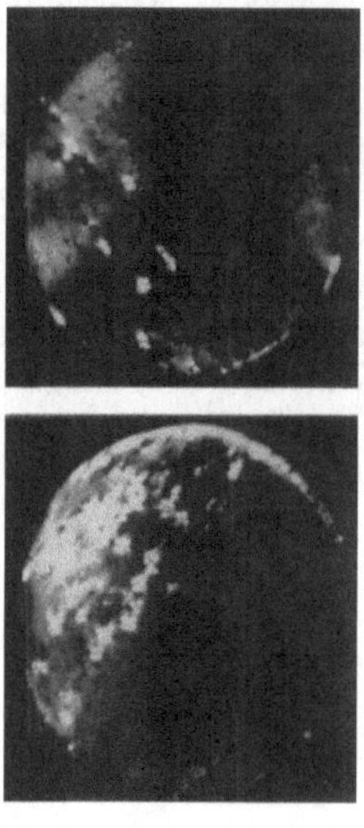

Abb. 8

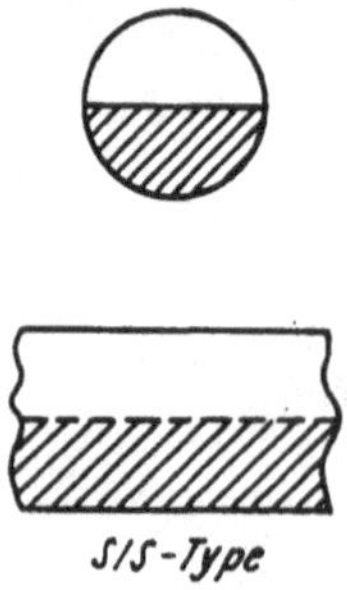

Abb. 9

Abb. 8 Querschnitt eines bilateralen Polyamidfadens (Cantrece) vor und nach dem Dämpfen zwischen gekreuzten Polarisationsfiltern (verstärkte Sphärolith-Ausbildung in einer Fadenhälfte) [5]

Abb. 9 Schema der 2-Komponentenanordnung (Seite-an-Seite) bei Bikomponentenfäden bzw. -folien

Es gibt auch Technologien, bei denen zwei polymere Substanzen unterschiedlicher Struktur miteinander zu Bikomponentenfäden (Abb. 9) oder -folien verformt werden, um spezielle Eigenschaften zu erzielen. Im Falle des Seite-an-Seite-Typs (S/S) (Abb. 9) enthalten beide Fadenhälften unterschiedliche innere Spannungen, die durch thermische bzw. mechanische Einwirkungen freigesetzt werden können und dem Faden eine permanente Kräuselung erteilen. Gleiches gilt für zu Bändern oder Fasern verarbeiteten Bikomponentenfolien. Der gleiche bilaterale Effekt ist erzielbar, wenn man einseitig, nur etwa bis zur Mitte der Folie und optimal dosiert Wärme- oder Strahlenenergie einwirken läßt, um Strukturveränderungen zu bewirken.

Permanente Kräuselung an Seiden, vorzugsweise an Monofilen, aus Polyamid oder Polyester erzielt man auch mit dem Kantenziehverfahren, bei dem der Faden spitzwinklig über eine erhitzte Metallkante läuft. Infolge des thermoplastischen Verhaltens wird die Orientierung an der Außenseite des Bogens durch Zugeinwirkung vergrößert, am Innenteil infolge Staucheinwirkung hingegen verringert. Es entsteht ein Faden, dessen beide Hälften unterschiedliche Struktur und — wie beim bereits erwähnten bilateralen Faden — verschiedene innere Spannungen besitzen. Der Ausgleich dieser Spannungen führt zur permanenten Kräuselung (Abb. 10).

Gleiches läßt sich auch bei Kalandern zwischen zwei leicht friktionierenden Walzen erreichen [6].

Syntheseseiden können darüber hinaus durch Kombination von mechanischer und thermischer Einwirkung nach dem Falschdraht- und Stauchkammerverfahren bauschig verformt werden („Texturierung") [7], wobei mittels des erwähnten

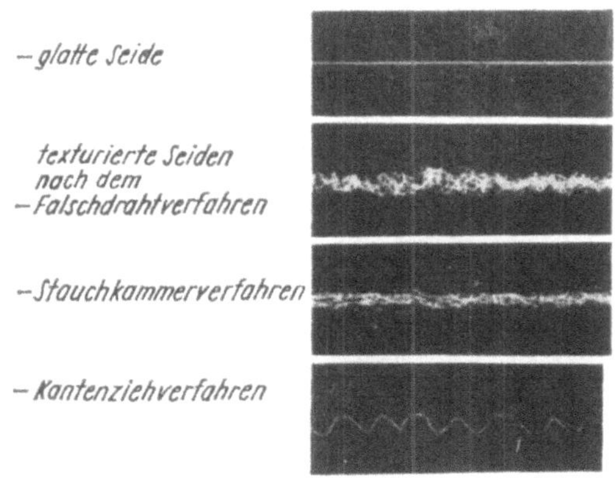

Abb. 10 Beispiele für strukturbedingte Kräuselung von Syntheseseiden durch verschiedene Texturierverfahren

Spannungsfixierverfahrens die Formpermanenz erreicht wird (Abb. 10). Auch permanente Falten in Stoffen sowie dreidimensionale Formgebung an Bekleidungs- und technischen Erzeugnissen sind mittels derartiger Fixierverfahren (z. B. Dampfpressen) erzielbar.

Ein bisher wenig beachtetes Gebiet ist das Druckverhalten von Faserstoffen, das interessante Strukturveränderungen nach sich zieht, die unter Mitwirkung von Feuchte und/oder Wärme besonders ausgeprägt sein können.

Bei radialer Druckbeanspruchung von Fäden durch Walzen treten mehr oder weniger ausgeprägte Längenänderungen und Abplattungen auf. Tabelle 1 kann

Tabelle 1
Längenänderungen nach zehnmaliger Walzenpressung (%)

Material	Längenänderung		Bem.[1]
Borsten/Drähte			
Polystyrolborste, 140tex	+ 24,6%	b	
Kaseinborste, 46tex	+ 21,9%	b	
Viskoseroßhaar, 40tex	+ 19,1%	a	–
Naturroßhaar, 46tex	+ 5,1%	a	–
Aluminiumdraht, 0,5 mm Ø	+ 5,0%		andere
Kupferdraht, 0,1 mm Ø	+ 4,8%		Versuchs-
Zinkdraht, 0,2 mm Ø	+ 1,2%		anlage
Polyakrylnitrilborste, 20tex	– 1,6%	a	+
Polyamid 6-Borste, 0,25 mm Ø	– 2,7%	a	+
Polyvinylalkohol-Borste, 0,37 mm Ø	– 12,0%	b	+
Seiden			
Polyamid 6-Seide/ungereckt	+ 7,0%	c	
Naturseide (bombyx mori), 7,6tex	– 1,8%	a	–
Viskose-Kordseide, 76tex	– 2,3%	a	–
Polyamid 6-Kordseide	– 5,3%	a	+
Polyesterseide, 6,4tex	– 6,5%	a	+
Garne			
Regenerat-Eiweißfaser-Garn	+ 14,2%	b	
Wollgarn, 28tex	+ 6,0%	a	–
Baumwollgarn, 36tex	– 5,0%	a	–
Viskosefaser-Garn, 30tex	– 6,2%	a	–
Polyakrylnitrilfaser-Garn	– 6,4%	b	
Flachsgarn, 140tex	– 12,0%	a	–

[1] a = 30 kg Preßdruck/Hartgummiwalzen
b = 15 kg Preßdruck/Hartgummiwalzen
c = 50 kg Preßdruck/Hartgummiwalzen
\+ nach 4 Wochen: Längenänderung setzt sich in gleicher Richtung fort
– nach 4 Wochen: Längenänderung in Richtung Ausgangslänge

entnommen werden, daß diese Längenänderungen positiv und auch negativ sein können, was strukturbedingt ist. Daß Metallfäden bzw. -drähte sich grundsätzlich beim Walzen längen, ist auf die gegenseitige Gitterteileverschiebung zurückzuführen. Die Gleitebenen des Gitters dürften in der 45°-Richtung zur Walzrichtung in Bewegung geraten. Bei der Mehrzahl der polymeren Fäden tritt überraschenderweise eine Kürzung ein, wobei diese mit steigender Orientierung zunimmt. Ungereckte bzw. wenig gereckte polymere Fäden zeigen dagegen Längungen. Erklärbar ist diese Erscheinung durch die Abnahme der Orientierung der kristallinen Bereiche, indem die Fibrillen durch das Walzen stärker gekrümmt und die einzelnen Teile jeder Fibrille größere Neigungen gegenüber der Fadenachse erfahren, was letztlich zu einer Fadenkürzung führt. Auch eine gewisse Minderung der Ordnung tritt auf. Beides ist röntgenographisch und polarisationsoptisch nachweisbar [6, 8]. Eine Ausnahme bilden die meisten Eiweißfaserstoffe, bei denen Längung auftritt.

Im Falle der Wollen, Haare und Borsten läßt sich diese Erscheinung mit der spiralförmigen Struktur der Polypeptidketten (α-Zustand des Keratins) deuten. Offensichtlich werden durch Walzenpressung die Spiralformen der Makromoleküle deformiert und zwar zu Zickzackformen (β-Zustand des Keratins). Ein derartiger Strukturzustand liegt bekanntlich auch beim starken Dehnen dieser Fäden vor.

Nicht weniger interessant ist die Axialdruckprüfung an synthetischen und tierischen Borsten. Ohne auf die Prüfmethodik [9, 10] hier einzugehen, seien einige Ergebnisse wiedergegeben und diskutiert.

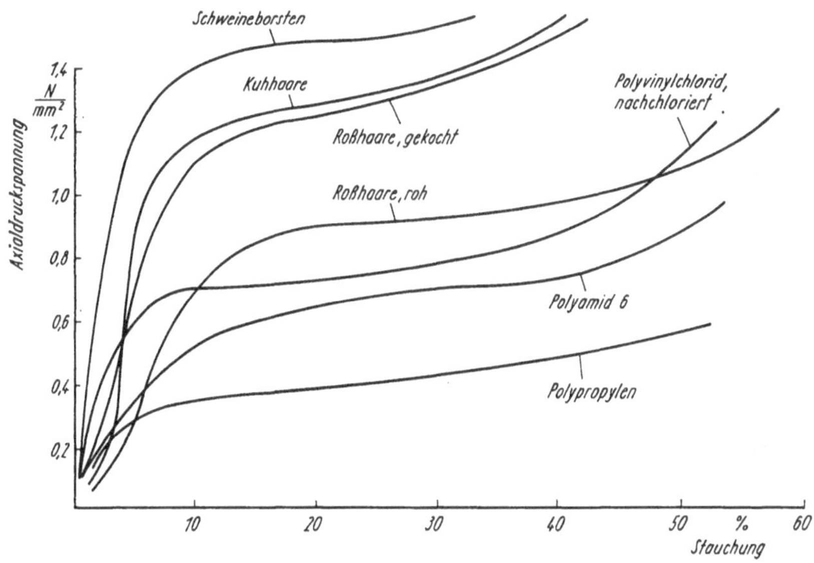

Abb. 11 Axialdruck/Stauchkurven an Borstenabschnitten verschiedener Materialien

Abbildung 11 läßt erkennen, daß Axialdruck/Stauch-Kurven an Borstenabschnitten aller geprüften Materialien (Verhältnis von Durchmesser zu Höhe 1 : 1) grundsätzlich gleichartigen Verlauf nehmen, wonach der Druckbeanspruchung anfangs ein hoher Widerstand entgegengebracht wird, sich eine Fließzone anschließt, der eine gewisse Verfestigung folgt. Mit dieser Beanspruchung ist eine beträchtliche Strukturveränderung verbunden (Abb. 12). Offensichtlich erfahren die in Borstenlängsachse ausgerichteten Struktureinheiten eine Desorientierung. Es kommt damit zu einer Strukturauflockerung und auch Ordnungsminderung. Im weiteren Verlauf der Stauchung setzt eine Materialverdichtung mit zunehmender Querorientierung der Struktureinheiten ein. Aus den Beispielen in Abbildung 11 ist zu entnehmen, daß tierische Borsten einen merkbar höheren Stauchwiderstand besitzen als synthetische Borsten. Das ist auf die strukturelle Anordnung der Polypeptidketten zurückzuführen, die bekanntlich eine spiralartige Anordnung (Helix-Struktur) besitzen und dem Axialdruck einen wesentlich höheren Widerstand entgegensetzen als geknäult angeordnete Makromoleküle in den nichtkristallinen Struktureinheiten anderer Substanzen. Allerdings kann man Abbildung 13 entnehmen, daß an Polyamiden mit zunehmender Fixierintensität eine

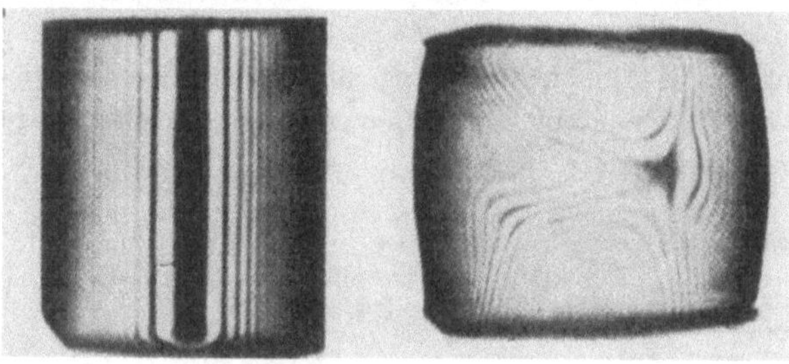

Abb. 12 Interferenzlinienverlauf in einem ungestauchten und einem gestauchten Polyamid 6-Borstenabschnitt

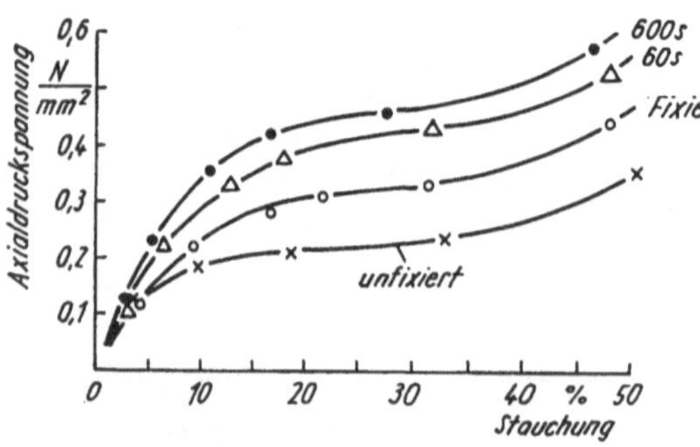

Abb. 13 Stauchverhalten von Polyamid 6-Borstenabschnitten in Abhängigkeit von der Fixierzeit

Vergrößerung des Stauchwiderstandes eintritt, was auf stabilere Nebenvalenzbindungen und höhere Ordnung zurückzuführen ist.

Die vorwiegend aus eigenen Arbeitsgebieten entnommenen Beispiele lassen erkennen, daß Polymerstrukturen sehr wesentlich von kombinierten mechanischen und thermischen Behandlungen abhängig sind. Im Gegensatz zu den Metallen kann mitunter als dritte Komponente Quellmitteleinwirkung — z. B. Feuchtigkeit — eine nicht unwesentliche Rolle spielen, z. T. den thermischen Einfluß sogar ersetzen bzw. unterstützen. Das gilt insbesondere für Polyamide.

Noch viele Arbeiten sind erforderlich, um diese Zusammenhänge über Modellbetrachtungen zur optimalen Nutzung der polymeren Werkstoffe aufzubereiten.

Literatur

[1] ALFREY, T.: Mechanical Behavior of High Polymers, New York 1948.

[2] BOBETH, W. und REUMANN, R. D.: Bruchendenanalysen an mit unterschiedlichen Geschwindigkeiten und bei verschiedenen Temperaturen gedehnten PA-6-Monofilen. Faserforschung und Textiltechnik 27 (1976), S. 87–94.

[3] TAKAYANAGI, M.: Das visko-elastische Verhalten von kristallinen Polymeren. Kautschuk und Gummi 1964 S. 170.

[4] FOURNÉ, F.: Synthetische Fasern — Herstellung und Verarbeitung. Wiss. Verlagsgesellschaft Stuttgart 1964.

[5] BIGLER, N.: Erste mikroskopische Beobachtungen an Nylon-Cantrece. SVF 20 (1965), S. 175–176.

[6] BOBETH, W. und PÄSSLER, H.: Zum Verhalten von Fäden bei Druckbeanspruchungen durch Walzen. Faserforschung und Textiltechnik 19 (1968), S. 418–422, 441–446, 514–518.

[7] Nähere Ausführungen in: BOBETH, W.: Beiträge zur Faserstoff-Technologie. Sitzungsberichte der AdW der DDR 11 N/1977.

[8] BOBETH, W.: Zum Quetschverhalten der Textilien. Deutsche Textiltechnik 7 (1957), S. 153–158.

FSC
www.fsc.org
MIX
Papier | Fördert gute Waldnutzung
FSC® C083411

Zeitfracht Medien GmbH
Ferdinand-Jühlke-Straße 7
99095 Erfurt, Deutschland
produktsicherheit@kolibri360.de